EXPOSÉ

DES PROPRIÉTÉS

DE L'EAU DE MER DISTILLEE.

EXPOSÉ

DES PROPRIÉTÉS

DE L'EAU DE MER DISTILLÉE.

PAR B. G. SAGE,

CHEVALIER DE L'ORDRE ROYAL DE SAINT-MICHEL,

DE L'ACADÉMIE ROYALE DES SCIENCES DE PARIS,

FONDATEUR ET DIRECTEUR

DE LA PREMIÈRE ÉCOLE DES MINES.

Felix qui potuit rerum cognoscere causas.

A PARIS,

DE L'IMPRIMERIE DE P. DIDOT, L'AÎNÉ,

CHEVALIER DE L'ORDRE ROYAL DE SAINT-MICHEL,

IMPRIMEUR DU ROI.

1817.

EXPOSÉ

DES PROPRIÉTÉS

DE L'EAU DE MER DISTILLÉE

PAR B. G. SACH,

ÉLÈVE DE L'ORDRE ROYAL DE SAINT-MICHEL,
DE L'ACADÉMIE ROYALE DES SCIENCES DE PARIS,
EXAMINATEUR ET DIRECTEUR
DE LA PREMIÈRE ÉCOLE DES MINES.

Felix qui potuit rerum cognoscere causas.

À PARIS,

IMPRIMERIE DE J. DIDOT, L'AINÉ,
IMPRIMEUR DE L'ORDRE ROYAL DE SAINT-MICHEL,
IMPRIMEUR DU ROI.

1819.

PRÉLIMINAIRE.

APRÈS avoir lu l'ouvrage du célèbre Hales, qui a pour titre : *Moyen de rendre l'eau de mer distillée potable et salubre*, j'ai lu dans l'*Essai physique de l'histoire de la mer*, par M. le comte de Marsigli, que l'amertume de l'eau de mer distillée la rendait impotable, tandis que beaucoup de savants français ont avancé dans leurs rapports que l'eau de mer distillée était aussi pure que celle de rivière qui l'avait été.

J'ai cru ne pouvoir m'arrêter à aucune de ces assertions sans m'être assuré par expérience de la vérité.

Je me suis procuré, dans le mois de mai de cette année de l'eau de mer. Son analyse, que j'ai faite avec soin, m'a d'abord fait connaître qu'il s'en exhalait un gaz alcalin inodore, rendu sensible par une vapeur blanche, lorsqu'on présente à cette eau une mèche de papier imbue d'acide marin.

L'eau que j'ai obtenue par la distillation de l'eau de mer passa chargée de ce gaz, qui se manifeste par l'approche d'un papier imbu d'acide marin. La saveur qu'il procure à cette eau est si caustique, qu'elle est impotable.

J'ai désigné le principe de cette saveur par la phrase *gaz alcalin, oléaginé, inodore, neptunien*, parcequ'il est produit par la putréfaction des êtres organisés marins.

Quoique je ne sois pas parvenu entièrement à détruire ce gaz, les faits que je cite dans cet ouvrage mettront les autorités dans le cas de n'être pas abusées par les solliciteurs de patentes.

TABLE SYNOPTIQUE

Des objets traités dans cet Ouvrage.

Eau fluviatile, se putréfie par la chaleur.

Cette même eau, privée par la distillation de la sélénite qu'elle contient, est inaltérable.

Le charbon détruit le foie de soufre qui rend l'eau puante.

Réponses que j'ai faites à un philosophe hermétique.

EXPOSÉ

DES PROPRIÉTÉS
DE L'EAU DE MER DISTILLÉE.

ORIGINE DE LA MER, ET FORMATION DU SEL MARIN.

LE grand réceptacle des eaux fournies par les fleuves et les rivières est connu sous le nom de *mer*. Lorsque ces eaux y sont portées, elles sont sans saveur sensible, parcequ'elles ne contiennent que très-peu de sel à base terreuse.

Ces eaux fluviatiles, produites par le dégel des neiges, étaient presque aussi pures que l'eau distillée; mais en passant dans le lit des rivières elles enlèvent à leur sol les sels terreux solubles, lesquels ne concourent en rien à la salure de l'eau des mers, qui est due à la formation continuelle du sel marin, qui a lieu de la manière suivante :

Le gaz alcalin oléaginé neptunien est l'auxiliaire que la nature emploie pour concourir à la formation du sel marin.

Ce gaz, que la chimie n'avait pas encore connu, est spontanément décomposé dans l'eau de la mer par le concours de l'air atmosphérique, dont l'acide ignifère, principe des gaz qui constituent l'air, se modifie en acide marin à l'aide du principe phlogistique qui émane du gaz neptunien, dont le natron qui en est la base, s'emparant de l'acide marin, constitue le sel de la mer.

La formation de ce sel étant quotidienne, la quantité qui s'en trouve dans les mers est donc incommensurable.

L'observation a fait connaître que l'eau des mers tenait en dissolution une quantité de sel plus ou moins considérable, suivant la température des climats.

L'eau de la mer Baltique fournit un soixante-quatrième de sel.

L'eau de la mer entre la Grande-Bretagne et les Provinces-Unies, un trente-deuxième (1);

Celle d'Espagne, un seizième;

Et celle de la mer des Tropiques, un douzième.

L'eau du lac Asphaltite contient un douzième de sel marin, et cinq seizièmes de sel à base de magnésie et de terre calcaire; aussi est-ce l'eau la plus salée, dans laquelle les poissons ne peuvent vivre; ce qui a fait donner à ce lac le nom de *mer Morte*, de *mer du Désert* ou *de la Solitude*.

Le sel contenu dans l'eau de mer ordinaire, loin de nuire aux poissons, leur

____

(1) Ayant fait dessécher de l'eau de mer, on a versé sur le sel un pouce d'éther, qui a pris une teinte jaunâtre due à une matière extracto-oléagineuse. Cette teinture, évaporée spontanément, a laissé sur les bords de la capsule de verre l'extrait jaunâtre.

paraît nécessaire, puisque la plupar tde ces animaux souffrent et dépérissent lorsqu'on les tient dans l'eau douce.

Les carrières immenses de sel qu'on trouve dans divers climats, nommés *sel gemme*, *sel fossile*, ont été formées par l'eau de mer, laquelle s'étant infiltrée dans les cavernes de la terre, dues aux volcans, a, après un laps de siècles innombrables, formé ces amas de sel plus ou moins transparent qu'offrent les célèbres carrières de Wiliska, qui s'étendent à plusieurs lieues sous terre.

Guillaume Bowles, dans son Voyage en Espagne, a décrit la montagne de Cardonne, qui offre une carrière de sel gemme qui s'exploite à ciel ouvert, dont les lits verticaux offrent du sel de diverses couleurs, de blanc, de rougeâtre, de grisâtre, entremêlé de pierre gypseuse.

On trouve dans diverses contrées des fontaines et des puits qui doivent leur salure au sel gemme que les eaux de sources ont dissout.

(5)

Les carrières de Wiliska fournissent
à l'Allemagne une grande partie du sel,
et l'Espagne retire le sien des mines de
Cardonne.

Quant à la France, ce sont les marais
salants et les eaux salées de Lorraine, etc.
qui procurent le sel dont on fait usage.
Celui qu'on retire des marais salants,
avant d'être livré dans le commerce,
doit avoir été amoncelé dans les gre-
niers pendant plusieurs années, afin
qu'il s'en dégage, par la déliquescence,
le sel à base calcaire et de magnésie qui
lui donneraient une saveur trop mordicante. Ces sels sont tenus en dissolution
dans l'eau de mer, et concourent à la
rendre saumache ; mais ce qui la rend
dangereuse, purgative et émétique, c'est
le gaz alcalin, oléaginé, neptunien,
caustique, produit de la putréfaction
des êtres organisés marins ; ce qui est
démontré dans cet ouvrage.

Une partie du sel contenu dans l'eau
de mer se décompose en passant à tra-

vers les terrains calcaires et martials.
L'Égypte en offre des exemples dans
deux lacs, dont l'un est à deux journées
du Caire, et l'autre dans les environs
d'Alexandrie.

Ces lacs sont à sec pendant l'été et
l'automne. Ce n'est qu'au commence-
ment de l'hiver qu'il suinte, à travers
leurs parois, du côté opposé à la mer,
une liqueur saline, rougeâtre, trouble
et d'un goût désagréable.

Lorsque la plus grande partie de l'eau
s'est évaporée pendant l'été, on détache
du fond de ces lacs le natron avec des
barres de fer pointues. Cet alcali desséché est vendu sous le nom de *soude
blanche d'Egypte*.

Le natron s'exploite aussi dans l'Amé-
rique du sud. Les Indiens le retirent du
fond du lac *Lalagunilla*, en plongeant
sous ses eaux. Ce lac a sept milles de
long sur cinq de large.

Là, comme en Egypte, la décomposition de l'eau de mer a également lieu

par l'infiltration à travers des terrains calcaires crétacés.

L'eau de ce lac diffère de celle des lacs d'Egypte en ce qu'elle a une teinte verte. Elle offre une singularité remarquable, c'est de procurer une couleur rouge aux cheveux des Indiens qui y plongent pour arracher du fond du lac le natron, qu'ils nomment *urao*, dont ils font un grand commerce à Vénézuéla.

Il s'évapore aussi de la surface de la mer de l'eau empreinte de sel ; ce qu'on reconnaît, en se promenant sur les rivages, par le sentiment salé qu'on éprouve ; fait qui a été reconnu par Lucrèce, comme l'indiquent les vers suivants :

Denique in os salsis venit humor sæpe saporis,
Cùm mare versamur propter.

Le sel marin sert à assaisonner les aliments, à les rendre plus digestibles et plus salubres.

Le sel marin a aussi la propriété d'empêcher la putréfaction; ce qu'il opère en s'emparant de l'humidité qui constitue la souplesse des muscles; ce qui a lieu lors de la salaison des viandes, puisqu'elles se trouvent surmontées d'un fluide salé qu'on nomme *saumure*.

Après un temps donné, les viandes se trouvent assez pénétrées de sel. On les retire de la saumure, et, après les avoir laissées égoutter, on les expose à la douce chaleur d'un foyer pour les sécher. Alors elles peuvent se conserver pendant des années entières sans avoir éprouvé d'altération que le resserrement et le changement de couleur de la fibre animale; couleur qui est plus ou moins brunâtre, et peut devenir du plus beau rouge, si l'on a ajouté un vingtième de salpêtre au sel marin.

On ne peut prendre une idée exacte de la formation du gaz neptunien qu'après avoir bien connu les diverses altérations qu'éprouvent les animaux par la putréfaction.

La décomposition spontanée des animaux présente des phénomènes différents, suivant les lieux où elle s'opère, et suivant la nature des corps organisés. En effet, si c'est à l'air libre que la décomposition des animaux a lieu, leur corps commence par se tuméfier. La peau des hommes devient bleuâtre, se déchire, et exhale une odeur insupportable, propre à engendrer des maladies contagieuses. C'est cet état qu'on nomme putréfaction, qui est produite par une fermentation; d'où résulte du gaz inflammable fétide qui dissout les vaisseaux et les muscles, et les réduit en un fluide sanguinolent brunâtre. Les faits suivants constatent cette vérité.

Si l'on met une grenouille dans un grand flacon plein de gaz inflammable, on ne trouve, au bout de quelque temps, que son ostéologie, parceque ses muscles se sont résous en un fluide d'un brun rougeâtre.

Des cadavres humains déposés dans des cercueils de plomb dont l'ouverture a été soudée, leurs parties musculaires s'y résolvent aussi quelquefois en un fluide sanguinolent; dissolution qui est due au gaz inflammable qui s'est formé et dégagé lors de la fermentation putride de leurs muscles et de leurs intestins.

Si la décomposition des cadavres a lieu dans des fosses qu'on recouvre de terre, la décomposition de leurs muscles se produit sans putréfaction, et ils se convertissent, ainsi que leur graisse, en un savon blanchâtre inodore, nommé *gras* par les fossoyeurs. Ces cadavres se trouvent avoir conservé leur forme, s'il n'a pas pénétré d'eau dans les fosses, qui dissout alors une partie du savon animal, dans lequel l'analyse fait connaître qu'il est composé d'adypocire et d'alcali volatil.

Si la décomposition d'un cadavre humain s'est faite sous l'eau, dont on le retire après un laps de temps d'environ un mois, il a une teinte verdâtre; il s'en exhale une odeur fétide différente de celle que répand un cadavre putréfié à l'air libre.

On reconnaît par cet exposé que la même espèce d'animal est susceptible de destruction spontanée qui présente trois caractères différents.

La décomposition spontanée des poissons offre des effets bien dignes de l'attention, comme le font connaître les expériences de M. Hulme, physicien anglais, sur la phosphorescence des poissons morts; ce qui ne peut être bien observé que dans un lieu obscur et d'une température modérée, tel qu'une cave.

Après avoir écaillé les poissons et leur avoir enlevé les intestins, M. Hulme les attachait à la voûte d'une cave, à l'aide d'un fil passé à leur tête. Ce physicien a reconnu que c'était par elle que commençait la phosphorescence, qu'elle ga-

gnait successivement le corps ; que cet
état lumineux croissait et décroissait
pendant trois jours, et qu'il cessait dès
que la putréfaction commençait.

Cette propriété lucifère est due à un
gaz lumineux, inodore, tenu en dissolution dans un fluide onctueux qui rend
phosphoriques les corps sur lesquels il
est fixé. M. Hulme ayant mis de ce fluide
phosphorescent dans une bouteille avec
de l'eau, il observa vers le col de la
bouteille un anneau lumineux; et après
avoir agité cette eau, elle devint lumi-
neuse.

M. Hulme ayant mis en macération
dans de l'eau des portions de harengs et
de maquereaux frais, observa la même
phosphorescence.

Il y a des mollusques vivants dont les
valves exsudent aussi un fluide phosphorescent : telle est la pholade ou *dail*,
connue sous le nom de *lithophage*. Ce
fluide lumineux, ainsi que celui obtenu
par M. Hulme, étant desséché, cesse

d'être lucifère ; mais il reprend sa phosphorescence lorsqu'on l'a humecté.

Il serait intéressant de connaître si
les cadavres humains exsudent aussi de
la phosphorescence avant de passer à la
putréfaction.

Un de mes amis, visitant les cata-
combes de Rome, se fit ouvrir une des
sépultures longitudinales, et vit au pour-
tour du squelette une poudre grise très
phosphorescente, dont il emporta une
partie, qui conserva cette propriété
phosphorique pendant plusieurs jours.

Les poissons exposés à l'air s'y putré-
fient, et l'odeur qui s'en exhale a une
fétidité différente de celle que produit
la putréfaction des corps humains.

La décomposition des êtres organisés
marins a lieu dans l'eau des mers sans
qu'il s'exhale d'odeur fétide ; cependant
il en émane un gaz morbifère que j'ai
reconnu le premier, et que j'ai défini
par la phrase de *gaz alcalin, oléaginé,
neptunien* ; gaz dont l'alcalinité est ren-

due sensible lorsqu'on expose à la surface de l'eau de mer une mèche de papier dont l'extrémité est imbue d'acide
marin.

Quoique dans l'eau de mer que je me
suis procurée je n'y aie pas trouvé d'o-
deur sensible, elle peut en manifester.
Robert Boyle (1) rapporte qu'un navi-
gateur ayant éprouvé, sous la zone tor-
ride, un calme qui dura plusieurs jours,
la mer répandit une odeur insupportable
dont l'équipage fut fort incommodé.

Le gaz neptunien se trouve à la surface et dans l'eau de toutes les mers;
mais jusqu'à quelle hauteur ? C'est ce
qu'on pourrait déterminer facilement à
l'aide d'une baguette, à l'extrémité de
laquelle on aura fixé une boule de linge
ou de coton qu'on aura imbibée d'acide
marin. C'est en la présentant, à diverses

____

(1) Robert Boyle, né en Irlande, est un des savans
auxquels la physique a le plus d'obligation ; c'est à lui
qu'est due la création de la Société royale de Londres.

hauteurs, à la surface de l'eau, qu'on appréciera celle où s'élève la hauteur du gaz neptunien.

Je crois que ce gaz, étant de nature alcaline, mêlé d'huile animale exaltée par la putréfaction, étant répandu dans l'atmosphère, doit agir sur l'économie animale; qu'il peut contribuer en partie au scorbut de mer, qui diminue et cesse sur terre.

Quoique dans l'eau de mer le gaz alcalin oléaginé soit, pour ainsi dire, enveloppé par le sel marin, on reconnaît qu'il s'en exhale lorsque cette eau se vaporise, et qu'il se retrouve bien plus actif dans l'eau de mer distillée, de laquelle on ne peut le séparer par des distillations nouvelles et multipliées.

Désirant, dans le mois de mai 1817, procéder à l'analyse de l'eau de mer puisée à dix lieues des côtes, j'eus recours à M. le comte de Raffin, commissaire de la marine du Havre, qui me rendit ce service. Quoique cette eau ne répande aucune odeur, il ne s'en dégage pas moins du gaz alcalin oléaginé neptunien.

On ne peut faire usage intérieurement de l'eau de mer, parceque les sels qu'elle contient et le gaz neptunien la rendent saumache, insupportable dans la bouche, et qu'en outre elle est purgative et vomitive. Les savants ont attribué cette propriété aux différents sels qu'elle tient en dissolution, et n'avaient point de connaissance du gaz neptunien que j'ai découvert; gaz qui n'est pas doué d'odeur, mais qui communique à l'eau distillée une saveur mordicante et caustique. Tous les physiciens savent qu'on dégage l'eau de mer des sels qu'elle contient par la distillation. L'eau qu'on en obtient est claire, inodore. Le fluide salé qui reste a une teinte verdâtre, due à une portion de cuivre de la cucurbite dissoute par l'acide marin.

Si les savants les plus exercés dans la

chimie, tels que les Boyle, les Hales, les Rouelle, les Macquer, les Poissonnier, les Clément, ont avancé que l'eau de mer distillée était égale en pureté à celle obtenue par la distillation de l'eau fluviatile. C'est que l'une et l'autre, essayées par les réactifs ordinaires, n'indiquent dans ces eaux aucune matière étrangère; ce qui leur a fait assurer que l'eau de mer distillée était potable, et ne pouvait nuire à la santé.

Les découvertes que j'ai été assez heureux de faire en analysant l'eau de mer sont péremptoires, et ne laissent aucun doute sur l'existence du gaz, auquel j'ai donné l'épithète de *neptunien*, lequel offre un être particulier, inconnu, que je caractérise par la phrase de *gaz alcalin*, oléaginé, inodore, caustique, morbifère.

Ce gaz est si inhérent dans cette eau distillée, qu'il n'en peut être dégagé par huit distillations répétées; ce qui avait

2

déja été reconnu par M. le comte de Marsigli (1).

De l'eau de mer distillée ayant été exposée à l'air pendant l'espace d'un mois, après l'avoir goûtée tous les jours, j'ai reconnu qu'après ce laps de temps elle

---

(1) M. le comte de Marsigli est le fondateur de l'Académie des sciences de Bologne, connue sous le nom d'*Institut*.

Les ouvrages que ce savant a publiés sont tous intéressants, et entre autres la Description du cours du Danube, ouvrage dans lequel il traite de presque toutes les productions naturelles que l'on rencontre dans le cours de ce fleuve.

M. de Marsigli s'est toujours distingué dans le métier des armes; et il ne put être déshonoré par l'affront qui crut lui faire un empereur d'Allemagne, en lui demandant son épée, qu'il fit rompre, en publiant qu'il avait livré une place forte, qui n'avait cependant été perdue que par l'impéritie d'un prince allemand qui la commandait.

Louis XIV, qui connaissait le grand talent militaire de ce capitaine, le voyant un jour à sa cour sans épée, tira la sienne, et, en la donnant à M. le comte de Marsigli, lui dit qu'il ne pouvait la remettre en meilleure main.

imprimait encore la saveur mordicante qui lui est propre.

N'importe dans quel alambic a été opérée la distillation, l'eau qu'on obtient a toujours la même qualité érosive.

L'on doit cependant reconnaissance aux physiciens qui ont imaginé de fixer deux diaphragmes (1) métalliques percés de mille trous vers l'ouverture de la cucurbite; ce qui doit empêcher le fluide qu'elle contient d'être porté dans le chapiteau lors du mouvement oscillatoire que l'alambic doit éprouver sur le vaisseau.

La présence d'un gaz alcalin étant manifestée dans l'eau de mer distillée, je crus d'abord pouvoir m'en emparer, en distillant de l'eau de mer avec un trois centième d'acide vitriolique. Ce fut

____

(1) Addition heureuse employée par MM. Poissonnier et Clément dans les alambics destinés à être établis sur les vaisseaux.

sans succès : l'eau distillée obtenue avait une saveur mordicante comme celle que j'avais retirée sans intermède.

Ayant reporté deux fois à la distillation cette eau avec une égale quantité d'acide vitriolique, celle qui passa n'avait pas sensiblement perdu de son caractère érosif.

Ayant mêlé à cette eau de mer distillée un trente-deuxième d'acide vitriolique, l'eau que j'obtins par la distillation était érosive comme la précédente.

Ces tentatives ayant été inutiles pour détruire l'activité du gaz alcalin oléaginé, j'en appelai à l'expérience attractive qui m'a si bien réussi, pour faire connaître en 1777, lorsque l'empereur d'Allemagne, Joseph II, assista à une séance de l'Académie des sciences de Paris, je fis devant ce prince une expérience qui prouva à-la-fois que ce qu'on appelait alors *air fixe* était un acide gazeux qui attirait l'alcali volatil, qu'il neutralisait ; ce qui le rendait propre à remédier à l'asphyxie, comme le prouva l'expérience d'un oiseau donné pour mort par Lavoisier, qu'il avait tenu plongé dans un bocal rempli d'air fixe.

C'est afin de démontrer particulière-ment à l'empereur cette vérité, que j'i-maginai l'expérience suivante, que je répétai devant lui dans mon laboratoire.

Je mis dans deux capsules de verre, de l'acide marin dans l'une, et de l'acide nitreux dans l'autre. Je plaçai intermé-diairement une troisième capsule, dans laquelle j'avais mis de l'alcali volatil fluor, dont le gaz alcalin fut attiré par chaque capsule acide, et forma, à plu-sieurs pouces de hauteur, une colonne blanche, qui s'éleva de quelques pouces plus haut de la capsule où était l'acide marin.

Ces colonnes nébuleuses ayant cessé, l'eau qui resta dans la capsule intermé-diaire n'avait plus d'odeur, et n'était plus sensiblement sapide.

Les fluides qui restaient dans les deux

capsules où j'avais mis les acides précipi-
tés, ayant été évaporés au bain de sable,
ont laissé sur les parois de l'une du nitre
ammoniacal, détonant sur les char-
bons, tandis que l'autre a laissé du sel
ammoniac marin.

Partant de cette expérience, j'ai mis
dans une capsule de verre une once
d'eau de mer distillée, et dans une autre
capsule, placée à côté de la première,
de l'acide marin. Ici, l'inverse est arrivé;
l'acide a été attiré par le gaz neptunien,
et a établi des vapeurs blanches au pour-
tour de la capsule aqueuse; attraction
qui a duré long-temps. Lorsqu'elle a
cessé, j'ai fait évaporer l'eau qui restait,
et j'ai trouvé sur le fond de la capsule
un enduit superficiel, lequel goûté imprimait la saveur du sel ammoniac.

Ayant lavé ce vaisseau dans très peu
d'eau distillée, le nitre lunaire s'y est
précipité en flocons blancs.

Ayant mis dans cette dissolution un
peu d'alcali fixe déliquescenté, il s'est

dégagé du gaz alcalin, qui s'est très bien manifesté par des vapeurs blanches quand on a eu exposé à la surface de la capsule une mèche de papier imbue d'acide marin. Ce moyen est donc propre à détruire le gaz neptunien, et à prouver qu'il contient de l'alcali volatil combiné avec une matière oléagineuse caustique, atténuée et exaltée par la putréfaction des êtres organisés marins.

Cette décomposition faite par attraction est remarquable, et pourra peut-être concourir à indiquer le moyen de rendre salubre l'eau de mer distillée; moyen auquel je ne suis pas encore parvenu.

Ce gaz neptunien, jusqu'à présent indécomposable, se sépare pendant la congélation de l'eau de mer, puisque l'eau fournie par le dégel des glaces est aussi douce que l'eau fluviatile.

On sait que dans les pays froids on opère la congélation de l'eau de mer, qui laisse précipiter le sel qu'elle contient.

Les huîtres dégagent de l'eau de mer le gaz mordicant et une partie du sel puisque l'eau qu'on trouve dans leurs coquilles n'est pas mordicante, et d'une salure si faible qu'on l'avale sans dégoût.

Si Hales (1) a avancé que la saveur de l'eau de mer distillée était due à de l'acide marin atténué, c'est qu'il avait procédé, dans une cornue, à la distillation de cette eau jusqu'à siccité, et qu'une portion de sélénite avait décomposé du sel marin. C'est d'après cet acide qu'il y avait entrevu qu'il recommande, dans l'ouvrage qu'il a publié, d'ajouter

______

(1) Etienne Hales, de la Société royale de Londres, né en 1677, est particulièrement connu par sa Statique des animaux et des végétaux, et par l'ouvrage qu'il a publié sous ce titre : *Art de rendre l'eau de la mer potable*. Il s'est sur-tout distingué par son zèle pour le bien public. Il mourut âgé de quatre-vingt-trois ans. Ses concitoyens lui ont élevé un tombeau dans l'abbaye de Westminster, parmi ceux des rois d'Angleterre.

de l'alcali ou une terre absorbante lors de la distillation de l'eau de mer, afin de l'obtenir pure.

C'est en partant de la théorie de Hales que M. Applebey annonça qu'il était parvenu à rendre l'eau de mer distillée potable en la distillant avec de la pierre à chaux terre et de la terre blanche des os; expérience que j'ai répétée sans succès; car l'eau distillée que j'ai obtenue était caustique comme celle qui avait été distillée sans intermède.

Les peuples navigateurs savent combien il serait important de pouvoir rendre potable et salubre l'eau de mer distillée : aussi les a-t-on vus accueillir avec enthousiasme les hommes qui se sont présentés en annonçant qu'ils avaient des procédés pour y parvenir. On a vu le roi et le parlement d'Angleterre donner des priviléges et accorder des récompenses considérables à des compagnies qui assuraient avoir des moyens particuliers.

On lit dans l'ouvrage que Hales a publié sur la manière de rendre l'eau de
mer potable, que quand M. Fitz-Gerald
et compagnie eurent obtenu, en 1683,
de Charles II, des patentes pour fournir
la marine d'Angleterre de vaisseaux dis-
tillatoires propres à obtenir de l'eau de
mer potable, on fit frapper en leur hon-
neur une médaille et publier un poëme,
et que peu après, M. Walcot, qui solli-
citait une patente pour le même objet,
ayant fait connaître que l'eau de mer
distillée d'après le procédé de M. Fitz-
Gerald était mordicante, piquante, brû-
lante et corrosive, on lui retira les patentes qui lui avaient été accordées.

On lit, page 15 du même ouvrage,
que les habitants d'Antigoa ayant manqué d'eau douce, se procurèrent de l'eau
de mer distillée, qui les a si fort incom-
modés, que depuis ce temps ils n'en ont
plus fait usage.

EXAMEN COMPARÉ DES EFFETS DU GAZ NEPTUNIEN ET DU MIASME PESTILEN-TIEL.

On entend par le mot *miasme* des exhalaisons inodores, quoique produites par la putréfaction, lesquelles ont la propriété de souiller, de corrompre les fluides animaux, d'occasioner des engorgements et des bubons, ce qui est surtout le propre du miasme pestilentiel, si commun en Turquie, et dont la communication est si rapide, puisqu'un seul homme affecté de cette contagion peut la communiquer à un peuple entier.

Ce miasme peut rester fixé sur les corps inanimés, tel que le coton, dont une balle communiqua la terrible peste qui fit tant de ravage à Marseille.

La grande ablution ou le bain, si recommandé dans la religion musulmane, paraît indiquer que l'eau peut détourner et même enlever le miasme qui produit cette contagion.

Il n'en est pas de même du gaz *neptunien*, puisqu'il reste inhérent dans l'eau de mer distillée, dont les effets sont aussi très différents de ceux du miasme pestilentiel, puisque les maladies qu'ils causent ne sont pas contagieuses (1) comme la peste.

Le fait suivant fait connaître combien les Grecs croient que l'immersion dans l'eau est propre à détourner l'effet des miasmes pestilentiels.

M. le comte de Choiseul-Gouffier ayant été nommé ambassadeur de France à la Porte, se proposa en même temps de parcourir la Grèce. Son ami le célèbre abbé Delille, desirant voir les restes de

____

(1) On lit, page 2 de l'ouvrage du célèbre Hales, que l'eau de mer mal distillée procure des maladies incurables, des obstructions, des tumeurs schirreuses, et des cacochymies ou réplétions de mauvaises humeurs.

Troye et le Simoïs, se fit descendre sur les côtes ; et, en parcourant ces lieux si fameux, il rencontra deux jeunes Grecques, qui portaient des corbeilles de fruits et de fleurs. Il les aborda, et en reçut des présents. Etant de retour à la chaloupe, on lui fit signe de ne pas monter dans le vaisseau ; et, avant de le lui permettre, il fut plongé, avec ses habits, trois fois dans la mer, parce-qu'on avait appris que la contagion ré-gnait alors dans cette partie de la Grèce.

Les faits que je vais citer indiquent que les miasmes pestilentiels sont une matière gazeuse, alcalescente, inodore, dont l'effet peut être atténué et détruit par des acides assez légers pour pouvoir les neutraliser dans l'atmosphère ; ce qui est confirmé par la manière dont y sont parvenus les hommes dans la plus haute antiquité.

Le feu fut leur auxiliaire, et c'est par les trois acides qui se dégagent par la

combustion du bois (1) que s'opère la
modification des miasmes.

C'est à l'Egyptien Jachéu que les
hommes doivent la connaissance qu'on
peut guérir les maladies contagieuses
par le moyen du feu : aussi lui érige-
t-on par reconnaissance un temple et
des autels.

Les Athéniens décernèrent une cou-
ronne d'or à Hippocrate, pour avoir fait
cesser la peste qui désolait leur pays. Le
moyen qu'il employa fut d'entretenir des
feux continuellement allumés dans les
rues, les carrefours et les places d'Athènes : il y fit aussi placer des corbeilles
de fleurs odorantes, et y fit répandre des
parfums.

Acron, médecin d'Agrigente, qui vi-

______

(1) Lors de la combustion des bois, ils répandent
dans l'atmosphère de l'acide méphytique, de l'acide
acétique, et de l'acide ignifère ; et si les bois sont rési-
neux, l'odeur et le parfum de leurs huiles s'y trouve
aussi répandu.

vait cent ans avant Hippocrate, se couvrit de gloire dans un temps où la peste désolait Athènes, pour avoir ordonné qu'on tînt des feux allumés auprès de chaque malade.

———

EMBARCATION D'EAU DOUCE POUR LES VOYAGES DE MER.

On embarque dans les vaisseaux assez de tonnes d'eau pour servir au besoin de l'équipage. Mais cette eau douce fluviatile contenant toujours plus ou moins de sélénite ou vitriol calcaire, elle ne tarde pas à se putréfier, lorsqu'elle éprouve vingt-quatre degrés de chaleur; ce qui cesse de la rendre potable: mais elle le redevient dès qu'on a mis dedans une tasse ou une pièce d'argent bien nette, qui y noircit en s'emparant du foie de soufre qui donnait à l'eau une odeur fétide.

On peut aussi députréfier l'eau et la

rendre potable en la passant à travers
du charbon pulvérisé.

On peut prévenir cette putréfaction
de l'eau si on l'a tenue dans des barri-
ques dont la superficie des douves inté-
rieures a été légèrement carbonisée ; ce
qui s'opère facilement en passant dessus
des masses de fer rouge de feu.

C'est afin de pouvoir m'assurer si le
charbon aurait la propriété de détruire
le gaz caustique de l'eau de mer distillée,
que j'en ai soumis à la distillation huit
parties mêlées avec un neuvième de charbon pulvérisé. L'eau retirée par la distillation de ce mélange n'avait rien perdu
de sa causticité.

L'eau fluviatile distillée n'éprouvant
aucune altération par le temps ni par
la chaleur atmosphérienne, il serait important d'en transporter une tonne dans
un voyage de long cours, pour connaître
si elle se serait altérée.

Toutes ces précautions seraient inutiles si l'on était sûr de trouver de

l'eau douce dans tous les terrains où l'on pourrait relâcher; mais l'eau y est toujours saumache, c'est-à-dire mêlée avec plus ou moins d'eau de mer, à moins qu'elle ne vienne de quelque rocher. Il y a un moyen simple d'apprécier la pureté de l'eau douce, dans laquelle le savon se dissout sans se grumeler; ce qui arrive pour peu qu'elle soit mêlée d'eau de mer, qu'on ne peut employer pour faire la lessive, qui laisse dans le linge une roideur due au sel.

Salus populi lex sacra.

Réponse que j'ai faite le 10 avril de cette année à un philosophe hermétique, qui me priait en grace de lui faire part de l'*arcane* qui m'avait donné le moyen de faire de l'or, puisqu'étant né sans fortune j'avais toujours montré du dés-intéressement, et que j'avais eu des cam-pagnes, des voitures, et que j'avais élevé

un des beaux monuments qui font épo-
que dans l'Europe.

Je lui répondis : Quant à l'art de faire
de l'or, qu'il était vrai que j'avais en-
seigné le moyen d'en extraire des cen-
dres de bois de hêtre et de celles de
sarment, ainsi que des terres végétales
de même que des mines de fer ; mais
que ce moyen était plus ruineux qu'utile.

Que je tenais l'aisance dont j'ai joui
de la bienveillance spéciale dont m'a
honoré la dynastie des Bourbons ;

Que les bienfaits de Louis XV m'a-
vaient mis à portée de suivre honora-
blement les sciences ;

Que Sa Majesté Marie-Antoinette m'a-
vait fait restituer quatre mille francs de
traitement qui m'avaient été supprimés
par M. de Fleury ;

Qu'ayant fait retirer à Sa Majesté
Louis XVI quatre cent quarante mille
francs de vieilles dorures, dont on n'a-
vait offert que vingt mille écus, le Roi
me fit annoncer par M. de Calonne une

gratification de quarante mille francs. Je priai ce ministre de demander la permission à Sa Majesté que cette somme fût employée à la décoration du cabinet de l'école royale des mines à la Monnaie. Ce monument est donc dû à la munificence de ce Prince, ami et protecteur des arts.

Desirant compléter le plus possible ce bel établissement, en 1797 j'y fis ajouter deux galeries; et c'est pour remplir les engagements que j'avais pris que j'y ai employé cent mille francs, que j'ai retirés de la vente de ma terre de Villeberfol, et de ma bibliothèque. Je viens encore de me défaire de la belle collection des liliacées de Redouté, et des plantes de la Malmaison, pour payer quatre mille francs que je devais au marbrier qui m'a fourni les granits et les marbres précieux qui décorent le cabinet des mines à la Monnaie.

J'avais, avant la révolution, vingt-quatre mille francs de rente, dont je suis privé depuis ce temps; ce qui me fait tort de plus de six cent mille francs.

Je n'ai pu obtenir la liberté et me soustraire au tribunal de Fouquier-Tainville qu'en donnant mille louis d'or.

On sait que lorsqu'on m'a nommé administrateur du musée des mines, j'ai refusé les cinq mille francs de traitement annexés à ces places, parceque j'étais riche alors.

M. de Vaublanc, étant ministre de l'intérieur, m'a privé de trois mille francs qui m'avaient été accordés pour m'aider à remplir mes engagements.

Il ne me reste plus que la gloire d'avoir été utile en fondant une école des mines qui manquait à la France, et en élevant, par reconnaissance, un monument à la mémoire de Louis XVI, mon bienfaiteur.

Sa Majesté Louis XVIII, en me décorant de l'ordre royal de Saint-Michel, m'a donné la preuve de la plus grande estime; aussi ne doutai-je pas que si

ses ministres fussent venus voir le monument que j'ai élevé à la Monnaie, ils
auraient partagé l'admiration des étran-
gers et des souverains, en voyant que
c'est l'ouvrage d'un seul homme dévoué
à son pays, qui a passé soixante années
à rassembler à ses frais tout ce qui est
renfermé dans ce bel établissement,
dont il a fait hommage à Sa Majesté en
reconnaissance des bienfaits qu'il a tenus
de sa dynastie; bienfaits dont il n'a été
privé que par la malveillance des révo-
lutionnaires; de sorte qu'après avoir joui
d'une fortune irréprochable, il se trouve,
à l'âge de soixante-dix-huit ans, après
cinquante-huit années de professorat,
être obligé de se défaire de ce qu'il avait
de précieux pour remplir ses engagements. Les ministres, en rendant compte
de sa position à Sa Majesté, n'auraient
pas manqué de l'intéresser en sa fa-
veur.

Si Sa Majesté lit ces deux dernières
pages, je suis certain, connaissant son

équité et sa bienfaisance, qu'elle me ren-
dra l'aisance dont je suis privé depuis si
long-temps. C'est alors que je pourrai
dire avec gratitude :

Hæc mihi Deus otia fecit.

FIN.

www.ingramcontent.com/pod-product-compliance
Ingram Content Group UK Ltd.
Pitfield, Milton Keynes, MK11 3LW, UK
UKHW010915160726
13695UKWH00007B/1912